Patisserie Biscuit

贈禮の菓子

張修銘・張為凱　著

Curriculum

上課資訊 / 張修銘老師

北 部		
樂朋	台北市大安區市民大道四段 68 巷 1 號	02-2368-9058
橙品	台北市北投區裕民六路 130 號	02-2828-8800
易烘焙信義店	台北市大安區信義路四段 265 巷 5 弄 3 號	0984-345-347
晶彩	桃園市八德市忠勇五街 16 號	0927-776-773
月桂坊	新竹縣芎林鄉富林路二段 281 號	03-592-7922
一天只做一個甜點	苗栗市博愛街 112 號	03-736-5999
中 部		
大冠藝	台中市潭子區圓通南路 32 號	04-2536-5883
無框架甜點店	台中市西區中興街 183 號	04-2302-6865
怡饍妮技藝短期補習班班	台中市北區東光路 252 號	0911-666-802
誠寶烘培食品材料行	台中市沙鹿區鎮南路二段 570 號	04-2663-3116
金典食品原料行	彰化縣溪湖鎮行政街 316 號	04-882-2500
彰化永誠行	彰化縣和美鎮彰美路 2 段 446 巷 31 弄 49 號	04-733-2388
秋宇商行	南投縣草屯鎮虎山路 396 號	0965-331-896
南 部		
食藝谷	嘉義市西區興達路 198 號	05-233-0066
朵雲	台南市東區德昌路 125 號	0986-930-296
庚申伯手作烘焙	高雄市仁武區八德西路 116 號	0958-132-172
烘焙灶咖 動手做甜點	高雄市鼓山區明倫路 89 號	07-553-5113

上課資訊 / 張爲凱老師

北 部		
樂朋	台北市大安區市民大道四段 68 巷 1 號	02-2368-9058
橙品	台北市北投區裕民六路 130 號	02-2828-8800
易烘焙信義店	台北市大安區信義路四段 265 巷 5 弄 3 號	0984-345-347
糖果屋烘焙手作	桃園市平鎮區興華街 101 巷 12 弄 1 號	0956-120-520
月桂坊	新竹縣芎林鄉富林路二段 281 號	03-592-7922
36 號烘焙廚藝	新竹縣竹北市文明街 36 號	03-553-5719
一天只做一個甜點	苗栗市博愛街 112 號	03-736-5999
煦蜜手作烘焙坊	宜蘭市復興路三段 61 巷 1 號	0935-945-783
中 部		
豐圭烘焙食品材料行	台中市豐原區大明路 15 號	04-2529-6158
柳川	台中市西區公館路 19 號	04-2372-7177
金典食品原料行	彰化縣溪湖鎮行政街 316 號	04-882-2500
南 部		
食藝谷	嘉義市西區興達路 198 號	05-233-0066
朵雲	台南市東區德昌路 125 號	0986-930-296
烘焙灶咖 動手做甜點	高雄市鼓山區明倫路 89 號	07-553-5113
姵瑜的家	高雄市前鎮區英德街 112 號	0939-520-137

Répertoire 目錄

模具介紹

1.3 公分平口花嘴（SN7068）
—— P.14

方形餅乾模 5×5×0.2 公分
—— P.22、P.126

方形餅乾模 4×4×0.2 公分
—— P.22、P.126

鳳梨酥模 5×3.7公（SN4116）
—— P.26

5 齒貝殼花嘴（SN7073）
—— P.32

針車輪
—— P.32

葉形模 9×4×1.5 公分（SN6151）
—— P.38

圓形餅乾模
8×0.2（圓直徑 × 厚度）公分
—— P.46

1 公分平口花嘴（SN7067）
—— P.50

菊花模具 4.5 公分
—— P.52

費南雪模 7.5×3×1 公分
（6 個一模）
—— P.56

金色烘烤模 6×1.7 公分
—— P.60

圓形壓模直徑 6 公分（SN3846）
—— P.60、P.164

圓形壓模直徑 5 公分（SN3844）
—— P.60、P.168

圓形慕斯框直徑 5.5 公分
—— P.64

0.5 公分平口花嘴（SN7065）
—— P.76

圓形餅乾模
6×0.2（圓直徑 × 厚度）公分
—— P.82

方形模 4.5×6×23 公分
—— P.82

達克瓦茲模 7×4.5×1 公分
—— P.86

達克瓦茲模 6.5×3.5×0.2 公分
—— P.86、P.92

8 吋蛋糕底紙（厚度 0.2 ～ 0.3 公分）
—— P.90

拉糖矽膠葉模
—— P.90

豹紋模具
—— P.92

扁形鋸齒花嘴（SN7034）
—— P.96、P.100

6 齒貝殼花嘴（1MKOREA）
—— P.104、P.106

半圓形矽膠模
（直徑 4 公分、15 個）
—— P.110

葉形模 13.5×5.5×3 公分
—— P.114

方形慕斯框
17.5×17.5×3 公分
—— P.130

五輪刀
—— P.138

方形最中餅（糯米殼）
—— P.142

愛心花嘴
—— P.146

8 齒貝殼花嘴（SN7092）
—— P.154、P.164

圓形花嘴
—— P.160

鋸齒三角板
—— P.168

一份送·禮·的·心·情·

一份送禮的心情

對於餅乾禮盒，在東方的習慣中總是和喜餅、滿月等喜事連結著，這一份餅乾盒中藏著許多送禮者的心思，一份送禮的心情。

「希望贈送給對方享用」的心情，是本書中最大的期許，這一份心情和喜悅，大過於昂貴的材料、包裝，而是一種最樸實最簡單的愛。然而，不同的菓子、餅乾給人的心情與感覺都不盡相同，每一道小點都富含了創作者的巧思，讓連是新手的你都能完美的製作出你想表達的感情。

親手製作的餅乾，就算不是最完美，但卻是心意最滿的誠意，書中詳盡的作法帶著你滿滿的心意做出一份份你獨創的餅乾禮盒。將心情包裹住，在屬於你的餅乾盒中包進所有想贈送給對方的想法，透過簡單的菓子、餅乾送出心中滿滿的感謝、喜悅。

權杖餅乾

長條的餅乾外型猶如國王的權杖

作者｜張修銘

セプタークッキー

長いビスケットは王笏のように見えます

份量｜30 支　　　　　　　　　　　烤箱預熱｜上下火 180/130℃

材料 Ingredients（g）

杏仁粉	45	細砂糖	21
低筋麵粉	10	蛋白粉	1.5
糖粉	31	杏仁角	適量
蛋白	52	非調溫黑巧克力	150

01

杏仁粉、低筋麵粉、糖粉，
過篩【圖1】。

02

細砂糖加蛋白粉混和均勻
【圖2】，將蛋白放入攪拌
缸中，分次倒入混和好的
蛋白糖粉【圖3】。

03

使用球狀拌打器【圖4】。

04

快速打發至細砂糖融化再倒
入蛋白糖粉，共分 3 次倒入
【圖 5～8】，打至 9 分發狀
態【圖 9】。

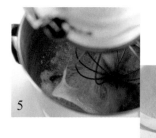

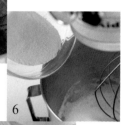

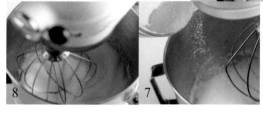

05

將打發蛋白取出，加入篩
好的杏仁粉、低筋麵粉、
糖粉拌均【圖 10】。

06

使用 1.3 公分平口花嘴，將
麵糊用刮板挖取【圖 11】，
裝入擠花袋中【圖 12】。

07

在烤盤上擠每條 7 公分長條狀，
每個約 **5 克**【圖 13】。

08

表面撒上杏仁角【圖 14】，
用拋的方式使杏仁角均勻
沾上【圖 15】，再將多餘的
杏仁角倒出【圖 16】。

09

將烤箱預熱上下火 180/130℃，
烤 20 ～ 25 分調頭，降溫，上下
火 150/130℃，烤 20 分。

餅乾烤好取出放涼，將非調溫黑
巧克力打微波至融化【圖 17】，
用刮刀抹在平的那面【圖 18】，
每個約 **1.5 克**，巧克力凝固即完
成【圖 19】。

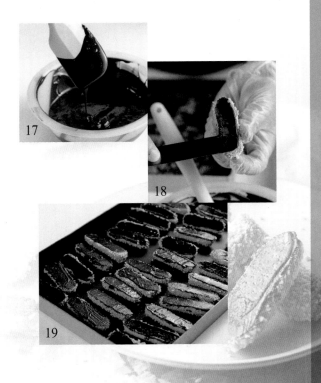

比斯烤地

質地脆硬口感紮實
必須搭配茶飲或咖啡慢慢咀嚼箇中滋味
才是最正統的吃法

作者 ｜ 張修銘

カントゥチーニ

歯ごたえがありしっかりとした食感
スバルの味をゆっくりと噛むには、
お茶やコーヒーと組み合わせる必要があり、
これが最もオーソドックスな食べ方です

份量｜1 條、約 55 片　　　　　　　　　　烤箱預熱｜上下火 180/150℃

材料 Ingredients（g）

低筋麵粉	125	香草醬	1.3
細砂糖	100	肉桂粉	0.5
泡打粉	1.3	杏仁粒	100
全蛋	70		

01

將低筋麵粉、細砂糖、泡打粉、全蛋、香草醬、肉桂粉混和均勻【圖1～3】。

02

再加入杏仁粒混和拌勻【圖4】。

03

將烤盤鋪上烤焙紙，放上混和好的麵糰【圖5】1條約350克（圖片操作量為2條份）。

04

表面撒上高筋麵粉以利整形【圖6】，將形狀整形為長條狀42×8公分【圖7】，可使用刮板輔助【圖8】。

05

使用刷子刷掉多餘的粉【圖9】。

06

將烤箱預熱上下火 180/150 ℃，放入烤箱烤 20 分【圖 10】，取出放涼【圖 11】。

07

將餅乾切片為厚度 0.7 ～ 0.8 公分【圖 12】。排在烤盤上【圖 13】，降溫上下火 130/130℃，烤 30 分。

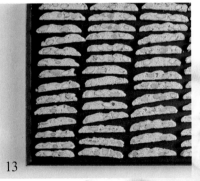

白巧克力夾心餅乾

戀愛的滋味，如同巧克力般甜蜜

作者　|　張修銘

ホワイトチョコレート
サンドイッチクッキー

恋の味はチョコレートのように甘い

份量｜15 個　　　　　　　　　　烤箱預熱｜上下火 180/180℃

材料 Ingredients（g）

無鹽奶油-------------------------- 60　　香草醬---------------------------- 0.5
糖粉------------------------------ 55　　低筋麵粉-------------------------- 34
蛋白------------------------------ 34　　非調溫白巧克力------------------ 100

01

將無鹽奶油放置室溫
回溫【圖1】，加入糖
粉拌均【圖2】。

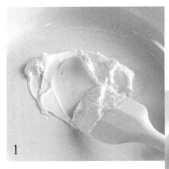

02

分次加入蛋白、香草醬【圖3】
混和拌勻【圖4】。

03

最後加入低筋麵粉【圖5】，
攪拌均勻成麵糊【圖6】。

04

抹入方形餅乾模具 5×5×0.2
公分，使用抹刀抹平均【圖7】
平均每個 **5 公克**，將餅乾模具
拿起【圖8】。

05

烤箱預熱上下火 180/180℃，
放入烤箱【圖9】烤 6～8 分，
取出放涼。

06

非調溫白巧克力微波加熱至融化【圖 10】，倒入餅乾模具 4×4×0.2 公分【圖 11】。

10

11

12

13

07

使用抹刀抹平【圖 12】平均每個 **3 公克**，待凝固將餅乾模具拿起【圖 13】。

08

將放涼餅乾兩兩配對中間夾心白巧克力【圖 14～15】。

放入烤箱，上下火 180/180 ℃，烤 2 分鐘取出放涼。

14

15

蜜蕾核桃酥

蜜蕾餡與酥脆塔皮交響出甜膩滋味

作者 ｜ 張爲凱

くるみキャラメルサンドクッキー

はちみつフィリングとサクサクのタピオカが
甘くて脂っこい味わい

份量｜30 個　　　　　　　　　　烤箱預熱｜上下火 160/140℃

材 料 Ingredients（g）

甜塔皮	
無鹽奶油	239
糖粉	95
香草莢醬	5
全蛋	32
中筋麵粉	371
奶粉	11

蜜蕾餡	
動物性鮮奶油	41
核桃	150
細砂糖	100
麥芽	9
香草莢醬	1
蜂蜜	6
無鹽奶油	13

01 / 甜塔皮

將無鹽奶油、糖粉、香草
莢醬混和拌勻【圖1～2】。

02

分兩次加入全蛋攪拌均勻
【圖3】，再加入中筋麵粉、
奶粉【圖4】混和拌勻成糰
【圖5】。

6

7

03

放在塑膠袋上【圖6】（可使用一個塑膠袋剪開成一大張），放上麵糰蓋上另一張塑膠袋【圖7】。

8

9

04

先用手壓平【圖8】再使用擀麵棍擀平【圖9】。

10

05

約厚度 0.5 公分（可使用厚度尺輔助）【圖10】，用刮板整形【圖11】，冷藏 40 分鐘。

11

06

分割成長寬約 4.7×3.5 公分
【圖 12】，每個約 12 公克，放
上烤盤套上鳳梨酥模用叉子叉
洞【圖 13】。

12

13

07

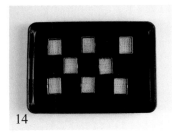
14

烤箱預熱上下火
160/140℃，放入烤
箱烤 20～25 分（中
間烤至 9 分熟，中
間還白的），取出
後放涼【圖 14】。

08

將鳳梨酥模塗上奶油
備用【圖 15】。

15

09 / 蜜蕾餡

將動物性鮮奶油加熱
至 80℃【圖 16】。

16

10

將核桃放上烤盤，烤箱預熱
上下火 150/150℃，放入烤
箱烤 20～25 分【圖 17】。

17

11

取一深鍋分次放入細砂糖
用小火加熱（不能攪拌）
【圖 18 ～ 20】。

12

將細砂糖全部煮完後，約煮到
170℃快要焦化時【圖 21】，加
入麥芽、香草莢醬、蜂蜜、無鹽
奶油攪拌均勻熄火【圖 22】，加
入動物性鮮奶油拌勻【圖 23】。

13

煮至不黏手即可，可準備
一碗水滴入用手摸摸看，
如果還黏再煮一下至不黏
手即可【圖 24】，加入核
桃攪拌至成糰【圖 25】。

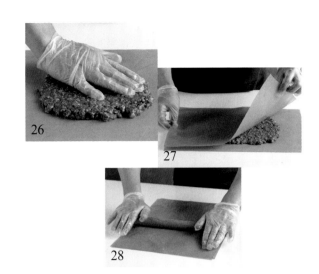

26

27

14

放在烤焙紙上，用手壓平蓋上烤焙紙擀平散熱【圖 26 ～ 28】，再放入冷藏 10 分鐘。

28

15 / 組合

將冷藏好蜜蕾餡去邊【圖 29】，切成長寬約 **4.7×3.5 公分**【圖 30】。

29

30

31

16

把切好的蜜蕾餡放入模具中【圖 31】，再蓋上烤好塔皮【圖 32】，烤箱預熱上下火 130/130℃，放入烤箱烤 5 分【圖 33】。

32

33

果醬瑪卡濃秀

覆盆子細緻的美無可挑剔

作者 ｜ 張爲凱

ジャムマカロンショー

ラズベリーの繊細な美しさ。

申し分のないものです

材 料 Ingredients（g）

甜塔皮		覆盆子果醬	
無鹽奶油	239	覆盆子果泥	150
糖粉	95	黃色果膠粉	3
香草莢醬	5	細砂糖	45
全蛋	32	**表面餅乾**	
中筋麵粉	371	無鹽奶油	53
奶粉	11	糖粉	35
裝飾		全蛋	10
熟開心果碎	適量	奶水	16
		低筋麵粉	84

01 / 甜塔皮

將無鹽奶油、糖粉、
香草莢醬混和拌勻
【圖 1 ～ 3】。

02

分兩次加入全蛋攪拌
均勻【圖 4】。

5

6

03

再加入中筋麵粉、奶粉【圖5】混和拌勻成糰【圖6】。

7

8

04

放在塑膠袋上【圖7】（可使用一個塑膠袋剪開成一大張），放上麵糰蓋上另一張塑膠袋【圖8】，冷藏40分鐘冰硬。

9

05

麵糰沾上高筋麵粉【圖9】滾圓搓長，擀成長寬40×16公分【圖10】、厚0.3公分（可使用厚度尺輔助）【圖11】，放入冷凍冰20分鐘。

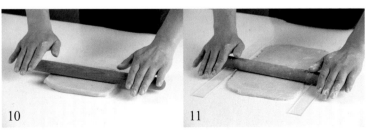

10   11

06

取出後分割成長寬 40×8 公分共兩片【圖 12】，使用針車輪打洞【圖 13】，放上烤盤【圖 14】，烤箱預熱上下火 160/140℃，放入烤箱烤 20 ～ 25 分【圖 15】。

12

13

15

14

16

07 / 覆盆子果醬

將覆盆子果泥先加熱至 40℃【圖 16】。

08

把黃色果膠粉、細砂糖混和拌勻【圖 17】。

17

18

19

20

09

加入果泥中【圖 18】，煮
至細砂糖融化【圖 19】，
再煮至 101℃【圖 20】。

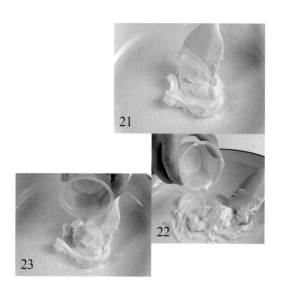

21

22

23

10 / 表面餅乾

無鹽奶油、糖粉混和拌
勻【圖 21】，分兩次加
入全蛋、奶水混和拌勻
【圖 22 ~ 23】。

11

再加入低筋麵粉【圖 24】拌勻
至奶酥狀【圖 25】，使用 5 齒
貝殼花嘴將麵糊裝入擠花袋中
【圖 26】。

24

25

26

27

12 / 組合

將覆盆子果醬取 **40 公克**抹在其中一片塔皮上【圖27】，蓋上另一片塔皮【圖28】。

28

13

在上方擠上三條表面餅乾麵糊【圖29】，中間再擠上覆盆子果醬使用抹刀抹平【圖30】。

29

30

14

烤箱預熱上下火 180/100℃，放入烤箱烤 20 ～ 25 分，取出後切厚度約 **3.5 公分**【圖31】，撒上開心果碎【圖32】。

31

32

夏威夷豆塔

裹上焦糖外衣的千果之王

作者｜張爲凱

マカダミアナッツタルト

キャラメルで包まれたナッツの王様

份量｜15 個 　　　　　　　　　　烤箱預熱｜上下火 150/180℃

材 料 Ingredients（g）

甜塔皮	
無鹽奶油	139
糖粉	55
香草莢醬	3
全蛋	18
中筋麵粉	216
奶粉	6

夏威夷豆淡味焦糖餡	
夏威夷豆	435
蔓越莓乾	58
紅酒	19
無鹽奶油	15
水	17
麥芽	17
蜂蜜	39
二砂糖	39
動物性鮮奶油	6

01 / 甜塔皮

將無鹽奶油、糖粉、香草莢醬混和拌勻【圖 1 ～ 3】。

02

分兩次加入全蛋攪拌均勻【圖 4】。

03

再加入中筋麵粉、奶粉【圖 5】混和拌勻成糰【圖 6】。

04

放在塑膠袋上【圖 7】（可使用一個塑膠袋剪開成一大張），放上麵糰蓋上另一張塑膠袋【圖 8】，冷藏 40 分鐘冰硬。

05

將麵糰搓長【圖 9】，分割每個 15 公克【圖 10】。

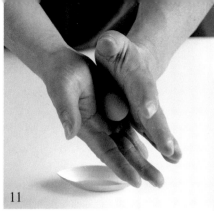

11

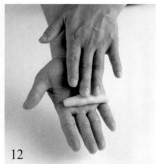

12

13

06

滾圓搓長約 8 公分沾上高筋麵粉【圖 11 ～ 13】

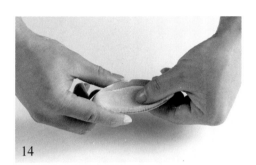

14

07

放入葉形模中用手壓平【圖 14】，再取一個葉形模包上保鮮膜【圖 15】，放在壓平好的麵糰上（能使麵糰厚薄度更統一）【圖 16】，再使用刮板除去多餘麵糰【圖 17】。

15

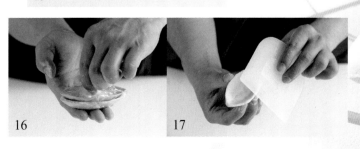

16　　17

18

19

08

整形好塔皮連同模具放在烤盤上，使用叉子叉洞【圖 18】，烤箱預熱上下火 150/180℃，烤 4～5 分，取出用叉子叉第二次【圖 19】（這樣就不用壓重石）。

20

09

再放入烤箱上下火 150/180℃，烤 20～25 分，烤好塔皮放入 100℃烤箱保溫【圖 20】。

10 / 夏威夷豆淡味焦糖餡

將夏威夷豆放在烤盤上，烤箱預熱上下火 130/130℃，放入烤箱烤 20～25 分【圖 21】，烤熟後保溫在 100℃。

21

22

11

蔓越莓乾加入紅酒浸泡至隔夜【圖 22】。

12

將焦糖醬其他材料放入深鍋中煮至 135℃【圖 23】稍微上色熄火【圖 24】，加入烤好夏威夷豆、過濾的紅酒蔓越莓【圖 25】攪拌均勻【圖 26】。

23

24

26

25

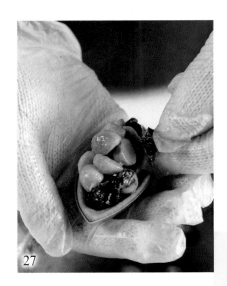

27

13 / 組合

取夏威夷豆淡味焦糖餡 **25 公克**【圖 27】，放入烤好塔皮中【圖 28】，待冷卻即完成。

28

macadamia nut tart

餅乾的個·性·

餅乾的個性

傳統餅乾中蘊含的巧思，能製作出令人難忘的美味。又或者是親自烘烤的堅果，散發出的絕佳香氣，都是本書中要與喜愛烘焙的愛好者們所分享的重點。

對於一位糕點師傅來說，燒菓子、餅乾、小西點都是甜點店所不可欠缺的商品。材料的取得容易、風味呈現較爲單純、生產流程也相對好掌控，另一方面，陳列出的商品猶如藝術品般展示著，讓經過的顧客總不免看到後想吃一口，情不自禁的購買，不光是想品嚐的心情，更是想贈送給身邊的親友們，如此精美小巧的燒菓子、餅乾、小西點在店中的角色實其重要。

不同的菓子、餅乾，都各有不相同的性格，而糕點師傅的任務，就是將其食材發揮出最大效益的魔術師，將自己的想法、個性、理念，最簡單卻帶著最美味的狀態呈現出來，以自己的手法賦予菓子、餅乾新的生命力。

瓦片

形狀與屋瓦相似，因此而命名

作者 ｜ 張修銘

チュイール
見た目が住宅の屋根に似ているので、
そう名付けられました

份量│30 片　　　　　　　　　　烤箱預熱│上下火 170/150℃

材料 Ingredients（g）

低筋麵粉----------------------------- 54　　香草醬----------------------------- 3
糖粉----------------------------- 134　　無鹽奶油----------------------------- 45
鹽----------------------------- 1.8　　生杏仁片----------------------------- 134
蛋白----------------------------- 107

01

將低筋麵粉、糖粉過篩，放入攪拌盆中，加入鹽混和拌勻【圖1】。

1

2

3

02

分次加入蛋白、香草醬【圖2】混和拌勻【圖3】。

03

將無鹽奶油加熱至
60℃【圖4】。

4

04

分次加入融化奶油攪拌均勻
【圖5】，再加入生杏仁片拌
勻【圖6】。

5

6

05

封上保鮮膜常溫靜置
1小時【圖7】。

7

8

9

06

在烤盤上鋪上烤焙紙放上圓形餅乾模，取麵糊約 **15 公克**鋪入模具中【圖 8】（需鋪平），掀起模具【圖 9】。

10

07

烤箱預熱上下火 170/150℃，放入烤箱【圖 10】烤 15 ～ 20 分。

11

08

取出後趁熱放入有曲線的模具中【圖 11】，也可使用酒瓶【圖 12】，製作出造型瓦片。

12

保存期限｜放餅乾袋乾燥狀態約 10 ～ 14 天

蕾絲餅

蛋的香氣與酥脆的口感
都是讓人驚艷的

作者 │ 張修銘

レースチュイール

卵の香りとさわやかな味わい、
驚くべきものです

材料 Ingredients（g）

低筋麵粉	49	60℃熱水	57
糖粉	81	無鹽奶油	57
二砂糖	25	生杏仁角	57

01

將低筋麵粉、糖粉、二砂糖放
入攪拌盆中攪拌均勻【圖1】，
分次加入 60℃熱水攪拌均勻。
將無鹽奶油加熱至 60℃。

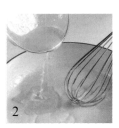

02

分次加入融化奶油攪拌均勻
【圖2】，再加入生杏仁角拌勻
【圖3】，封上保鮮膜常溫靜置
30 分鐘【圖4】。

03

使用 1 公分平口花嘴，將
麵糊裝入擠花袋中【圖5】。

在烤盤上鋪上烤焙紙，擠出
每個約 **10公克**的圓【圖6】，
兩兩需間隔 3 ～ 5 公分，烤
箱預熱上下火 180/150℃，
放入烤箱，烤 15 ～ 20 分。

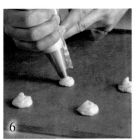

維也娜餅乾

夾心果醬，猶如紅寶石般亮眼

作者 ｜ 張修銘

份量｜30 個　　　　　　　　　　　　烤箱預熱｜上下火 180/150℃

材料 Ingredients（g）

餅乾體	
無鹽奶油	120
糖粉	48
鹽	0.6
蛋黃	24
香草醬	1.2
低筋麵粉	150

覆盆子果醬	
覆盆子果泥	75
細砂糖	37
海藻糖	37
柑橘果膠粉	1.5

裝飾	
防潮糖粉	適量

1

01 / 餅乾體

無鹽奶油室溫回軟，
加入糖粉、鹽【圖1】
混和拌勻【圖2】。

3

2

02

分次加入蛋黃、香草醬
攪拌均勻【圖3】。

03

再加入低筋麵粉【圖4】拌勻成糰【圖5】，
裝入塑膠袋中擀平【圖6】，冷藏 2 小時。

04

取出後，擀至厚度約 0.3
公分【圖7】（可使用厚度
尺輔助），冷凍 15 分鐘。

05

使用菊花模具壓模【圖8】，2 片
一組，取其一使用直徑 2.5 公分
圓形模在中間壓洞【圖9】，放上
烤盤【圖10】。烤箱預熱上下火
180/150°C，放入烤箱，烤 15 ～
20 分【圖11】。

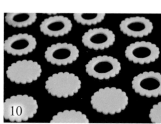

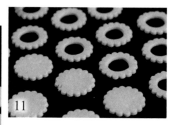

06 / 覆盆子果醬

果醬材料全部混和拌勻【圖12】，煮沸【圖13】，放涼後裝入擠花袋或三角袋中備用。

07 / 組合

取中空餅乾撒上防潮糖粉【圖14】。

08

取另一半餅乾中間擠上一圈果醬約 1 公克【圖15】，蓋上撒上防潮糖粉的餅乾【圖16】，中心再擠入果醬約 2 公克【圖17】即完成【圖18】。

保存期限｜放餅乾袋乾燥狀態約 10～14 天

南瓜籽煎餅

糖餡如翠綠寶石般閃耀

作者｜張爲凱

カボチャの種のクッキー

砂糖の詰め物はアレキサンドライトのように輝きます

材 料 Ingredients（g）

甜塔皮		南瓜籽糖餡	
無鹽奶油	111	無鹽奶油	48
糖粉	44	細砂糖	48
香草莢醬	2	海藻糖	16
全蛋	15	葡萄糖漿	40
中筋麵粉	172	楓糖漿	11
奶粉	5	生南瓜籽	80

01 / 甜塔皮

同果醬瑪卡濃秀（P.33）
甜塔皮作法 1～4。

02

麵糰沾上高筋麵粉【圖1】
滾圓搓長，擀成厚度約 0.3
公分（可使用厚度尺輔助）
【圖2】。

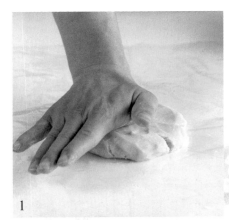
1

2

3

4

03

分割成 7.5×3 公分大小
【圖3】，放入費南雪模
中【圖4】。

pumpkin seed tuiles

57

04

烤箱預熱上下火 160/140℃，放入烤箱，烤至膨脹取出叉洞【圖5】，烤約 25～30 分【圖6】。

05 / 南瓜籽糖餡

除了生南瓜籽以外，其他糖餡材料放入深鍋中煮至 112℃【圖7】，再放入生南瓜籽攪拌均勻【圖8】。

06

倒在烤焙布上鋪平【圖9】。

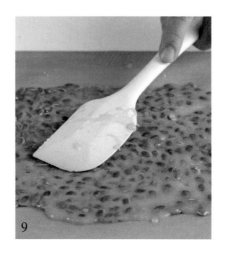

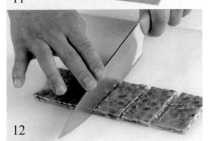

07

蓋上一層塑膠袋【圖10】，擀至厚度約 0.2 公分【圖11】。切割成 7.5×3 公分大小【圖12】。

08 / 組合

將烤好的塔皮同模具噴上烤焙油【圖13】，放入切割好的南瓜籽糖餡【圖14】。

09

放入烤箱上下火 180/100℃，烤約 20 ～ 25 分至焦黃【圖15】。

保存期限｜放餅乾袋乾燥狀態約 10 ～ 14 天

巴斯克葡萄餅乾

杏仁香甜的魅力與蘭姆深沉的味道
令人回味無窮

作者 | 張爲凱

バスクラムレーズンビスケット

アーモンドの甘い魅力とラムの深い味わい、
美味しくてしょうがないです

份量｜10 個　　　　　　　　　　　　　　　烤箱預熱｜上下火 160/140℃

材料 Ingredients（g）

甜塔皮		裝飾	
無鹽奶油	129	蛋黃液	適量
糖粉	51	生杏仁果	10 個
香草莢醬	3	蔓越莓	10 個
全蛋	17	生夏威夷豆	10 個
中筋麵粉	200	生開心果	10 個
奶粉	6	生腰果	10 個

葡萄杏仁餡			
無鹽奶油	33	低筋麵粉	33
杏仁粉	33	麥斯蘭姆酒	3
糖粉	23	葡萄乾	6
全蛋	33	蘭姆酒	4

01 / 甜塔皮

同果醬瑪卡濃秀（P.33）
甜塔皮作法 1 ～ 4。

02

麵糰沾上高筋麵粉【圖1】
滾圓搓長，擀成厚度約 0.5
公分（可使用厚度尺輔助）
【圖2】，冷凍 30 分鐘。

1

2

03

使用直徑6公分圓形壓模【圖3】，
壓出 10 片塔皮，每片約 21 公克
（剩下塔皮先冰冷凍備用）。

3

04

準備 10 個金色烘烤模，放入塔皮【圖4】，使用叉子叉洞【圖5】，烤箱預熱上下火 160/140℃，放入烤箱【圖6】，烤約 25 ～ 30 分取出。

05 / 葡萄杏仁餡

葡萄乾加入蘭姆酒浸泡隔夜【圖7】。

06

將無鹽奶油放室溫回軟，篩入杏仁粉、糖粉【圖8】混和拌勻。依序加入全蛋、低筋麵粉【圖9】拌勻。最後加入麥斯蘭姆酒、過篩蘭姆葡萄乾混和拌勻【圖10】，裝入擠花袋中【圖11】。

07 / 組合

將葡萄杏仁餡擠入模具中
【圖 12】，每個約 18 公克。

08

將備用的塔皮取出，使
用壓模再壓出 10 片塔
皮【圖 13】，蓋在餡上
【圖 14】，刷上蛋黃液
【圖 15】，裝飾上堅果
【圖 16】。

09

放入烤箱【圖 17】上下火
160/140 ℃，烤 約 25 ～
30 分取出。

卡雷特餅乾

獨特的外觀是經典

作者 ｜ 張爲凱

キャレットクッキー

独特な見た目は代表的です

份量｜20 個　　　　　　　　　　　　烤箱預熱｜上下火 170/150℃

材 料 Ingredients（g）

無鹽奶油	171	蛋黃	25
糖粉	103	中筋麵粉	171
香草糖	1.7	杏仁酒	43

01

香草糖製作方式：取一刮完香草
莢放入烤箱烤乾放涼，再放入細
砂糖中搓揉至入味，放置 24 小時
即可【圖 1】。

02

將無鹽奶油放室溫至軟，加入
糖粉、香草糖攪拌均勻【圖 2】，
分次加入蛋黃拌勻【圖 3】。

03

再加入中筋麵粉拌勻
【圖 4】，加入杏仁酒
混和拌勻成糰【圖 5】。

6

04

放入塑膠袋中擀平
【圖6】冷藏放隔夜。

7

05

取出麵糰放在塑膠袋上【圖7】
（可使用一個塑膠袋剪開成一大
張），蓋上另一張塑膠袋【圖8】，
擀成厚度約 **1.5 公分**【圖9】，
整形成 **19×19 公分**放入塑膠袋
中，冷凍 30 分鐘【圖10】。

8

9

10

06

取直徑 5.5 公分圓形慕斯框
刷上無水奶油【圖 11】，刷上
厚厚一層。

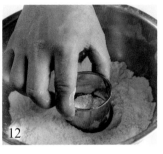

07

取出麵糰，使用直徑 5 公分圓
形壓模沾上高筋麵粉【圖 12】，
壓出餅乾【圖 13】，放在鋪上
烤焙紙的烤盤上，刷上蛋黃液
靜置 3 分鐘後再刷上一次，使
用叉子壓出紋路【圖 14】。

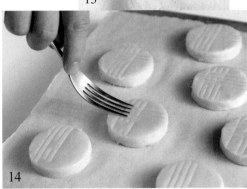

08

再套上刷好奶油的慕斯框
【圖 15】，烤箱預熱上下火
170/150℃，放入烤箱，烤約
25 ～ 30 分取出。

三色開心果餅乾

開心果、抹茶、巧克力混搭出絕妙新口味

作者 | 張爲凱

3色のピスタチオクッキー

ピスタチオ、抹茶、チョコレートを混ぜ合わせ、
新たな味わいが誕生

份量│40 片　　　　　　　　　　　　　烤箱預熱│上下火 150/140℃

材料 Ingredients（g）

無鹽奶油	136	奶粉	3.2
糖粉	90	開心果碎	60
全蛋	56	抹茶粉	3
低筋麵粉	272	可可粉	6

01

將無鹽奶油放室溫至軟，加入糖粉攪拌均勻【圖1】，分次加入蛋黃拌勻【圖2】。

02

加入低筋麵粉、奶粉拌勻【圖3】，再加入開心果碎拌勻成糰【圖4】。

5

6

03

將麵糰平均分割成三糰，其中兩糰分別加入抹茶粉、可可粉拌勻【圖5】，再將兩糰麵糰平均分割成四糰每糰約 35 公克【圖6】。

04

原味麵糰、抹茶麵糰、可可麵糰皆搓長至 38 公分（原味麵糰的直徑約 3 公分、抹茶和可可麵糰的直徑約 1 公分）【圖7】。

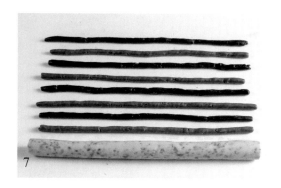

7

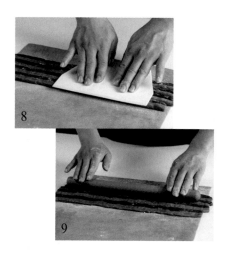

8

9

05

準備一張烤焙紙放在桌面，把抹茶和可可麵糰交錯並排，用刮板壓緊壓實【圖8】，撒上高筋麵粉擀平至寬度約 13 公分【圖9】，將邊緣整形【圖10】。

10

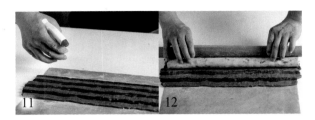
11

12

06

表面噴水【圖11】放上原味麵糰【圖12】，使用擀麵棍夾著烤焙紙捲起【圖13】，滾至緊實黏合【圖14】，冷凍40分鐘【圖15】。

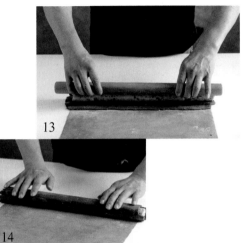
13

15

14

16

07

取出麵糰切片，厚度約 **1公分**【圖16】，每個重量約 **15公克**，放在烤盤上【圖17】，烤箱預熱上下火 150/140℃，放入烤箱，烤約 25 ～ 30 分。

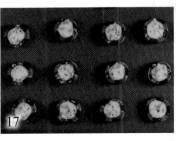
17

香草餅

優雅的香氣
是烤焙後最期待的

作者｜張修銘

份量｜30 片　　　　　　　　　　烤箱預熱｜上下火 180/150℃

材料 Ingredients（g）

無鹽奶油 ---------------------------- 100	香草醬 ----------------------------- 1
糖粉 ------------------------------ 50	低筋麵粉 -------------------------- 150
鹽 -------------------------------- 1	蛋白 ----------------------------- 適量
蛋黃 ------------------------------ 10	細砂糖 ---------------------------- 適量

01

無鹽奶油室溫回軟，加
入糖粉、鹽【圖1】混和
拌勻【圖2】。

1

2

3

02

分次加入蛋黃、香草醬
攪拌均勻【圖3】。

03

再加入低筋麵粉【圖4】
拌勻成糰【圖5】。

4

5

04

裝入塑膠袋中擀平【圖6】，
冷藏 2 小時。

6

7

05

取出後，平均分成兩糰（較
好操作），搓長約 15 公分
【圖7】，放入塑膠袋中冷
凍 30 分鐘【圖8】。

8

06

刷上蛋白【圖 9】沾上
細砂糖【圖 10】。

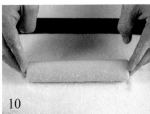

07

切成每片厚度約 1 公分
【圖 11】。

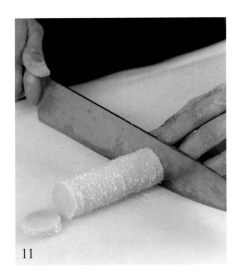

08

放在烤盤上【圖 12】，烤箱預熱
上下火 150/140℃，放入烤箱，
烤約 25 ～ 30 分。

黑芝蔴起士棒

濃郁的鹹香，酥脆口感
令人愛不釋手

作者　│　張修銘

黑ゴマパルメザンチーズスティック

濃厚な塩味、サクサクとした食感が魅力的です

份量 | 30 支 　　　　　　　　　　烤箱預熱 | 上下火 150/130℃

材料 Ingredients (g)

無鹽奶油	24	低筋麵粉	51
糖粉	33	帕瑪森起士粉	3
蛋白	17	黑芝麻	10
香草醬	0.5	黑胡椒	1

01

無鹽奶油室溫回軟，加入糖粉混和拌勻，加入蛋白、香草醬攪拌均勻，再加入低筋麵粉、帕瑪森起士粉、黑芝麻、黑胡椒【圖1】拌勻成糰【圖2】。

02

使用 0.5 公分平口花嘴，將麵糰裝入擠花袋中【圖3】。

03

取一烤盤鋪上烤焙紙，擠一條條長約 7 公分【圖4】，每個重約 4 公克，表面噴水【圖5】，撒上帕瑪森起士粉【圖6】，烤箱預熱上下火 150/140℃，放入烤箱【圖7】，烤約 15～20 分。

榛果巧克力

香濃的榛果搭配巧克力
有著迷人的香氣

作者｜張修銘

ヘーゼルナッツチョコレート
チョコレートと香りのよいヘーゼルナッツ、
チャーミングな香りがします

份量｜30 個　　　　　　　　　　　　　烤箱預熱｜上下火 180/150℃

材料 Ingredients（g）

餅乾體

無鹽奶油	180
糖粉	120
鹽	2.4
蛋黃	24
香草醬	2.4
低筋麵粉	252
可可粉	48

姜都亞內餡

榛果醬	20
調溫牛奶巧克力	20

裝飾

金箔	適量
非調溫黑巧克力	適量

01 / 餅乾體

無鹽奶油室溫回軟，
加入糖粉、鹽【圖1】
混和拌勻【圖2】，加
入蛋黃、香草醬混和
拌勻【圖3】。

02

再加入低筋麵粉、可可粉【圖4】
拌至成糰【圖5】，放入塑膠袋
中，冷藏 2 小時。

6

7

03

取出麵糰揉勻【圖 6】，
再擀至厚度約 0.3 公分
（可使用厚度尺輔助）
【圖 7】。

04

冷凍 10 分鐘【圖 8】，分割成 5×5 公分
【圖 9】，每片約 10 公克。

8

9

05

烤箱預熱上下火 180/150℃，
放入烤箱，烤約 15 ～ 20 分，
取出放涼【圖 10】。

10

06 / 姜都亞內餡

將調溫巧克力微波加熱融化，加入榛果醬混和拌勻【圖11】，裝入三角袋中。

11

12

13

07 / 組合

取一片餅乾中間擠入內餡每個約 **1 公克**【圖12】，再蓋上另一片餅乾兩兩組合【圖13】。

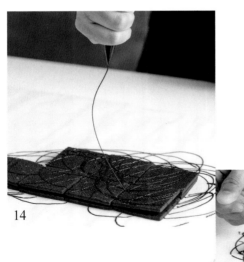

14

15

08

將非調溫黑巧克力微波加熱融化，裝入三角袋中，以畫圈的方式做表面裝飾【圖14】，再點綴上金箔【圖15】。

海苔餅乾

帶點鹹香的海苔風味
讓餅乾吃起來有著不同的風味

作者｜張修銘

ラング・ド・シャ
少し塩辛い海苔、
ビスケットにさまざまな味を
味わわせましょう

份量│30 片　　　　　　　　　　　　　烤箱預熱│上下火 170/130℃

材料 Ingredients（g）

無鹽奶油	54	香草醬	1.5
糖粉	54	低筋麵粉	54
蛋白	54	海苔粉	適量

01

無鹽奶油室溫回軟，加入糖粉混和拌勻，加入蛋白、香草醬攪拌均勻，再加入低筋麵粉拌勻成麵糊【圖1】。

02

取一鋪上烤盤紙的烤盤，放上圓形餅乾模，放入麵糊【圖2】使用抹刀抹均勻【圖3】，每個重量約**7公克**，取下餅乾模【圖4】，每個中心撒上一小搓海苔粉【圖5】。

03

烤箱預熱上下火 170/130℃，放入烤箱【圖6】，烤約 15 分，取出後趁熱放入其他模具中做出彎曲的造型【圖7】。

餅乾的製作

菓子、餅乾的風味、口感、形狀是否能讓人留下深刻的印象呢?

這些都取決於一開始精確的材料配方與食材的選擇。

奶油、麵粉、砂糖、鹽等等食材,準確的選用合適的食材,能讓製作中不會出現過多的混和問題,也能讓製作過程更加順暢。

秤量食材是一件最重要的事情,完美精準的秤重,是讓成品完美的最佳途徑,過多過少都或造成製作上出現小紕漏。

再來就是混和拌勻的過程,完美的完成混和拌勻是最基本的。

選擇合適的攪拌器,以及仔細地將黏在攪拌盆上的麵糰刮落一起混合,能減少誤差值以及增加完成度。

不同的品項麵糰混和拌勻的重點也大不相同,粉較多的或是水分較多的,都有其不一樣的重點,是否要分次添加或是直接拌勻都不盡相同。

貓爪達克瓦茲餅乾

元素簡單樸實
吃出外酥內軟的莓果香

作者｜張爲凱

材料 Ingredients（g）

餅乾體		覆盆子糖霜	
半冷凍蛋白	98	無鹽奶油	123
細砂糖	65	糖粉	12
杏仁粉	81	煉乳	12
糖粉	52	奶粉	6
低筋麵粉	16	覆盆子粉	18
酒漬蔓越莓乾			
蔓越莓乾	60	紅酒	18

01 / 餅乾體

將蛋白冰入冷凍，呈
半冷凍狀態【圖1】。

02

取一鋼盆放入半冷凍蛋
白、細砂糖，使用手持
攪拌器打發【圖2～3】，
出現紋路【圖4】。把杏
仁粉、糖粉、低筋麵粉
混和均勻【圖5】。

6

7

03

分次加入打發蛋白中，混和拌勻成麵糊【圖6】，使用1.5公分平口花嘴，將麵糊裝入擠花袋中【圖7】。

04

將達克瓦茲模7×4.5×1公分放入冷水中【圖8】，把模具取出後將表面擦乾【圖9】，使內圈沾上水（會較好脫模），取一烤盤鋪上烤焙紙放上模具。

8

9

10

11

05

將擠入麵糊【圖10】模具中，每個約**15公克**，使用抹刀抹平【圖11】再用叉子劃出紋路【圖12】。將模具拿起，烤箱預熱上下火120/120℃，放入烤箱【圖13】，烤約40分。

13

12

06 / 酒漬蔓越莓乾

蔓越莓乾加入紅酒浸泡 24 小時濾乾。

14

07 / 覆盆子糖霜

將所有材料放入攪拌盆中，混和打發【圖14】至原本體積的兩倍【圖15】，使用 1 公分平口花嘴，將覆盆子糖霜裝入擠花袋中。

15

16

08 / 組合

將烤好餅乾有紋路的在下，擠上覆盆子糖霜【圖16】，每個約 **8 公克**，再鋪上酒漬蔓越莓乾【圖17】，每個約 **3 公克**，蓋上另一片餅乾兩兩夾心【圖18】。

17

18

楓葉波浪餅乾

最樸實的味道

作者 ｜ 張爲凱

メープル
ウェーブクッキー

最も素朴な味

材料 Ingredients（g）

無鹽奶油----------------------------- 62.5	香草醬----------------------------------- 2
糖粉-------------------------------------- 62.5	低筋麵粉------------------------------- 62.5
蛋白-------------------------------------- 62.5	

01

將無鹽奶油室溫回軟至 27℃，
呈現美乃滋狀態。加入糖粉拌
勻，分次加入蛋白、香草醬，
最後加入低筋麵粉【圖1】拌勻
成麵糊【圖2】。

02

取一 8 吋蛋糕底紙，放上拉糖矽膠
葉模【圖3】，用筆畫出邊框剪下。
取一烤焙紙放上剪好的底紙，放入
麵糊【圖4】，用抹刀刮平【圖5】，
拿起底紙【圖6】。

03

烤箱預熱上下火 200/200℃，放入
烤箱烤約 4 ～ 5 分，呈現中間白邊
緣深。將拉糖矽膠葉模放入 100℃
烤箱保溫，將烤好餅乾趁剛出爐取
出，放入模具中壓出紋路【圖7】。

豹紋餅乾

有趣的豹紋餅乾，童趣的滋味

作者 ｜ 張爲凱

ヒョウ柄クッキー

面白いヒョウ柄クッキー、
遊び心満載

份量 ｜ 20 個   烤箱預熱 ｜ 上下火 200/200℃

材 料 Ingredients（g）

無鹽奶油	81	高筋麵粉	64
糖粉	81	可可粉	3
蛋白	40	調溫黑巧克力	100
玉米粉	5		

01

將無鹽奶油室溫回軟
至 27℃，呈現美乃滋
狀態【圖1】。

02

加入糖粉拌勻【圖2】，
分次加入蛋白混和均
勻，最後加入玉米粉、
高筋麵粉【圖3】拌勻成
麵糊【圖4】。

5

03

取 80 公克麵糊加入可
可粉【圖5】混和拌勻成
可可麵糊【圖6】。

6

04

取一烤焙紙，將達克
瓦茲模沾上一點麵糊
【圖7】放在烤焙紙上
黏住【圖8】。

7

8

05

放入原味麵糊使用抹刀抹均勻【圖9】，
再壓上豹紋模具【圖10】。

9

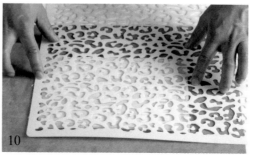

10

11

12

13

06

放入可可麵糊使用抹刀抹均勻【圖11】，依序取下豹紋模具【圖12】、達克瓦茲模【圖13】。

07

烤箱預熱上下火 200/200℃，放入烤箱【圖14】，烤約 4～5 分，取出放涼。

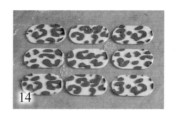

14

15

08

將調溫黑巧克力微波加熱，裝入擠花袋或三角袋中【圖15】。

放涼的餅乾，有豹紋的朝下中間擠上巧克力【圖16】，每個約 **2 克**，蓋上另一片餅乾兩兩夾心【圖17】。

16

17

蘭姆葡萄餅

香醇的蘭姆酒
是這個餅乾最期待感受的

作者｜張修銘

ラムレーズンサンド

香りのよいラム酒は、
このクッキーの最も重要なポイントです

份量｜30 個　　　　　　　　　　　　烤箱預熱｜上下火 180/150℃

材 料 Ingredients（g）

餅乾體	
無鹽奶油	266
糖粉	144
香草醬	3.8
全蛋	95
低筋麵粉	342
杏仁粉	76

酒漬蘭姆葡萄	
葡萄乾	140
蘭姆酒	100

奶油餡	
無鹽奶油	250
糖粉	88

01 / 餅乾體

將無鹽奶油室溫回軟加入糖粉、香草醬【圖1】拌勻，分次加入全蛋混和均勻【圖2】。

02

最後加入低筋麵粉、杏仁粉【圖3】拌勻成麵糰【圖4】，放入塑膠袋中冷藏 2 小時。

03

麵糰撒上高筋麵粉，擀
成厚 0.5 公分【圖5】（可
使用厚度尺輔助），放
入冷凍冰 10 分鐘，分割
成 7×4 公分【圖6】，
每片約 15 公克。

04

取一烤盤布放在烤盤上，再整
齊排上餅乾，烤箱預熱上下火
180/150℃，放入烤箱【圖7】，
烤約 15 ～ 20 分，取出放涼。

05 / 酒漬蘭姆葡萄

將葡萄乾加蘭姆酒浸泡 1 個
晚上，過濾備用【圖8】。

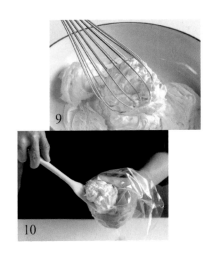

06 / 奶油餡

無鹽奶油、糖粉混和打發至原本的兩倍大【圖9】，使用扁形鋸齒花嘴，將奶油餡裝入擠花袋中【圖10】。

07 / 組合

將放涼餅乾有紋路的朝下，擠上奶油餡【圖11】，每個 5 公克，再擺上酒漬蘭姆葡萄【圖12】約 8 公克，再擠上 5 公克的奶油餡【圖13】，蓋上另一片餅乾兩兩一組【圖14】。

蔓越莓餅乾

酸甜佐以令人欲罷不能的美味

作者｜張修銘

クランベリーサンド

甘酸っぱさが美味しくてたまりません

份量｜30 個   烤箱預熱｜上下火 180/150℃

材料 Ingredients（g）

餅乾體	
無鹽奶油	266
糖粉	144
香草醬	3.8
全蛋	95
低筋麵粉	342
杏仁粉	76

酒漬蔓越莓乾	
蔓越莓乾	140
草莓酒	100

奶油餡	
無鹽奶油	250
糖粉	88

01 / 餅乾體

將無鹽奶油室溫回軟加入糖粉、香草醬拌勻【圖1】，分次加入全蛋【圖2】混和均勻。

02

最後加入低筋麵粉、杏仁粉【圖3】拌勻成麵糰【圖4】，放入塑膠袋中冷藏 2 小時。

03

麵糰撒上高筋麵粉，擀成厚 **0.5公分**【圖5】（可使用厚度尺輔助），放入冷凍冰 10 分鐘，分割成 **7×4 公分**【圖6】，每片約 **15 公克**。

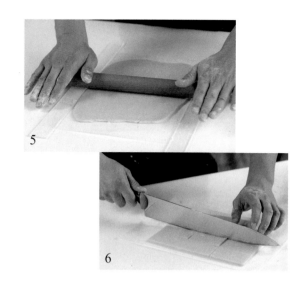

04

取一烤盤布放在烤盤上，再整齊排上餅乾，烤箱預熱上下火 180/150℃，放入烤箱【圖7】，烤約 15 ～ 20 分，取出放涼。

05 / 酒漬蔓越莓乾

將蔓越莓乾加草莓酒浸泡 1 個晚上，過濾備用【圖8】。

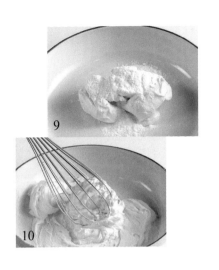

06 / 奶油餡

無鹽奶油、糖粉混和【圖9】打發至原本的兩倍大【圖10】，使用扁形鋸齒花嘴，將奶油餡裝入擠花袋中。

07 / 組合

將放涼餅乾有紋路的朝下，擠上奶油餡【圖11】，每個5公克，再擺上酒漬蔓越莓乾【圖12】約8公克，再擠上5公克的奶油餡【圖13】，蓋上另一片餅乾兩兩一組【圖14】。

保存期限│放餅乾袋冷凍約10～14天，冷藏約7天

巧克力餅乾

外型猶如手製巧克力
精緻簡單又純粹的風味

作者｜張修銘

チョコチップクッキー
手作りチョコのような見た目、繊細でシンプル、
そしてピュアな味わい

份量｜30 個 　　　　　　　　　　　　　烤箱預熱｜上下火 180/130℃

材 料 Ingredients（g）

無鹽奶油 -------------------------------- 62	可可粉 -------------------------------- 10
糖粉 -------------------------------- 36	生杏仁果 -------------------------------- 30 個
鹽 -------------------------------- 1.8	生開心果 -------------------------------- 30 個
全蛋 -------------------------------- 27	1/4生核桃 -------------------------------- 30 個
低筋麵粉 -------------------------------- 80	

01

將無鹽奶油室溫回軟加入糖粉、鹽拌勻【圖1】，分次加入全蛋【圖2】混和均勻，最後加入低筋麵粉、可可粉【圖3】拌勻成麵糊【圖4】。

02

使用 6 齒貝殼花嘴，將麵糊裝入擠花袋中【圖5】，擠直線型約 **5～6公分長**【圖6】，每個約 **7 公克**，放上三種堅果【圖7】。

03

烤箱預熱上下火 180/130℃，放入烤箱【圖8】，烤約 15～20 分。

夏威夷豆餅乾

點綴上夏威夷豆增添酥脆

作者 | 張修銘

マカダミアナッツクッキー

サクサクのマカダミアナッツがポイント

材料 Ingredients（g）

無鹽奶油---------- 112	蛋白---------- 10
糖粉---------- 43	低筋麵粉---------- 130
香草醬---------- 1.5	夏威夷豆（半顆）---------- 30 個
鹽---------- 1	

01

將無鹽奶油室溫回軟加入糖粉、香草醬、鹽拌勻【圖1】，分次加入蛋白【圖2】混和均勻，最後加入低筋麵粉【圖3】拌勻成麵糊【圖4】。

02

使用 6 齒貝殼花嘴，將麵糊裝入擠花袋中【圖5】，繞 8 字型擠出造型【圖6】，每個約 **10 公克**，放上夏威夷豆【圖7】。

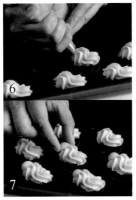

03

烤箱預熱上下火 180/150℃，放入烤箱【圖8】，烤約 15 ～ 20 分。

餅乾整形的魔術····

餅乾整形的魔術

菓子以及餅乾的整形，宛如魔術師施法術般神奇，增添了許多光彩亮麗的外觀，讓人在第一視覺上感受到無比的新奇有趣。

最先需要了解的是，手粉的運用與適量的使用，通常都是使用高筋麵粉作為手粉，使用上的份量以麵糰不沾黏為主，且整形完成後須將過多的手粉刷除，以避免手粉影響麵糰的狀態與口感。再者也能幫助使用模具順暢，沾上手粉後不易黏在模具上，不但能使模具保持乾淨，也能增加操作動作的快速。

還有就是處理使用花嘴做出造型的餅乾，使用上和擠花袋的運用手法等等，都是需要時間去熟悉且練習，當想讓所有餅乾的大小一致時，也建議使用壓模沾上手粉在烘焙紙上做出記號，以利擠出相同大小的餅乾。

半圓形焦糖餅乾

焦糖香交織出的甜蜜感

作者 | 張爲凱

半円形のキャラメルビスケット

キャラメルの味わい、幸せを感じる瞬間

份量│30 個　　　　　　　　　烤箱預熱│上下火 200/200℃

材料 Ingredients（g）

杏仁脆糖	
葡萄糖漿	50
細砂糖	50
無鹽奶油	50
生杏仁角	50

檸檬小酥餅	
無鹽奶油	115
糖粉	29
低筋麵粉	125
杏仁粉	16
綠檸檬皮	3

01 / 杏仁脆糖

將所有材料混和【圖1】
拌勻成麵糊【圖2】。

02

裝入三角袋中【圖3】，
擠入半圓形矽膠模中
【圖4】，每個約 6 公克。

5

03

取一擀麵棍一頭沾水【圖5】，
壓入模中【圖6】使麵糊壓平，
再用手整形【圖7】。

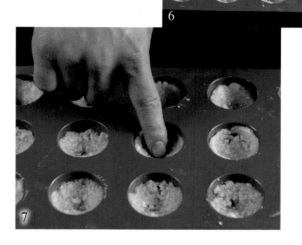

6

7

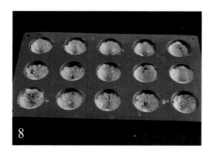

8

04

烤箱預熱上下火200/200℃，
放入烤箱【圖8】，烤約8～
10分。

半圓形焦糖餅乾　semicircular caramel biscuits

05 / 檸檬小酥餅

將所有材料混和【圖 9】拌勻，裝入三角袋中。

06 / 組合

戴上手套將烤好的杏仁脆糖壓平【圖 10】，吸出多餘油脂【圖 11】，擠入麵糊【圖 12】每個約 9 公克。

07

放入烤箱【圖 13】上下火 180/100 ℃，烤 約 20 ～ 25 分。

雙色楓葉派

迷人的紅茶清香

作者 ｜ 張爲凱

2色のメープルパイ

チャーミングな紅茶の香り

份量│5 個　　　　　　　　　　烤箱預熱│上下火 170/150℃

材 料 Ingredients（g）

派皮	
中筋麵粉	125
低筋麵粉	47
冰水	96
鹽	2
細砂糖	6.5
無鹽奶油	135

裝飾	
蛋白	適量
細砂糖	適量

紅茶杏仁餡	
發酵奶油	38
糖粉	34
杏仁粉	38
低筋麵粉	9
伯爵茶粉	6
全蛋	38
麥斯蘭姆酒	3

01 / 派皮

將無鹽奶油冰硬，切成 1 公分丁狀【圖1】。

02

除了奶油所有材料混和拌勻成糰，加入無鹽奶油丁【圖2】稍微混合成糰即可【圖3】，放入塑膠袋中整形為 14×14 公分大小，冷藏隔夜【圖4】。

5

6

03

將麵糰取出撒上高筋麵粉
【圖5】，用擀麵棍輕拍
【圖6】，再擀成3倍大
42×14公分【圖7】。

7

8

9

04

用刮板切邊整形【圖8】，
刷掉多餘麵粉【圖9】。

10

05

噴水【圖10】折起【圖11】，
再刷掉麵粉【圖12】。

11

12

雙色楓葉派　two-color maple pie

13

14

15

06

這時候可以將切邊下來的麵糰補在中間【圖13】，噴水【圖14】折起【圖15】，呈現3折狀態，放入塑膠袋中冷藏30分鐘【圖16】。

16

07

同樣手法需折6次（3折6次），每一次都要冷藏30分鐘後再繼續擀開折起，會發現無鹽奶油慢慢融在麵糰中，3折6次（左邊）和3折3次（右邊）的差別【圖17】。

17

08

完成3折6次的麵糰取出後撒上高筋麵粉【圖18】，擀至厚度0.2公分【圖19】，大小約45×30公分，將擀好麵糰捲起（用捲的避免麵糰裂開）【圖20】，放在烤盤上冷凍10分鐘。

18

19

20

21

22

09 / 紅茶杏仁餡

將發酵奶油、糖粉、杏仁粉、低筋
麵粉、伯爵茶粉混和【圖21】拌勻
成糰,分次加入全蛋、麥斯蘭姆酒
混和拌勻【圖22】,狀態會是液態。

23

24

10

取兩個塑膠袋剪開,先放一個在
桌上倒入紅茶杏仁餡,蓋上另
一塑膠袋【圖23】,使用擀麵棍
擀開為厚度 0.2 公分,大小約
45×15 公分【圖24】,冰冷凍
20 分鐘。

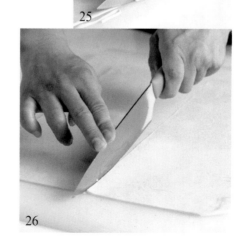

25

11 / 組合

將冰硬派皮取出切邊
【圖25】,對半切成
45×15 公分共 2 片
【圖26】。

26

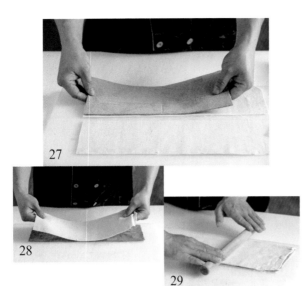

27

28

29

12

將冰硬的紅茶杏仁餡放在派皮上成爲夾心【圖27】，再蓋上另一片派皮【圖28】，擀至緊實【圖29】，冰入冷凍10分鐘。

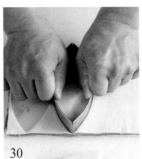

30

13

使用葉形模壓出形狀【圖30】，每個約 **40公克**，劃出葉脈【圖31】。

31

14

用竹籤或叉子叉洞【圖32】，刷上蛋白【圖33】沾上細砂糖【圖34】，放在烤盤上回溫至室溫，烤箱預熱上下火 170/150℃，放入烤箱，烤約 30 ～ 35 分。

32

33

34

蝴蝶酥

簡單的幸福感

作者 ｜ 張爲凱

バタフライクリスプ

単純な幸せ

份量│24 個　　　　　　　　　　　　烤箱預熱│上下火 170/150℃

材料 Ingredients（g）

派皮

中筋麵粉	125	鹽	2
低筋麵粉	47	細砂糖	6.5
冰水	96	無鹽奶油	135

裝飾

細砂糖	適量

01

同雙色楓葉派（P.115）
派皮作法 1 ～ 7。

02

完成 3 折 6 次的麵糰取出後撒上高
筋麵粉【圖 1】，擀至厚度 0.3 公分
【圖 2】，大小約 36×26 公分。

03

將擀好麵糰捲起（用
捲的避免麵糰裂開）
【圖 3】，放在烤盤上
【圖 4】冷凍 10 分鐘。

5

6

7

04

取出麵糰放在烤焙紙上，去邊整形【圖5】，噴水【圖6】撒上細砂糖【圖7】。

8

9

05

使用擀麵棍滾壓【圖8】讓細砂糖壓進派皮中，將派皮翻面【圖9】同樣手法沾上細砂糖（兩面都沾上）。

10

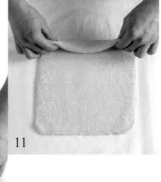

11

06

用尺平均分割8等分輕壓出線條【圖10】，從其中一側往內折進去3次【圖11】，再從另一側往中心折3次【圖12】。

12

蝴蝶酥 butterfly crisp

07

中心留一點縫【圖13】使用擀麵棍壓出凹
痕【圖14】，噴水【圖15】黏起【圖16】壓
緊實【圖17】，做出愛心圖案，使用烤焙
紙包起，冷凍 15 分鐘冰硬。

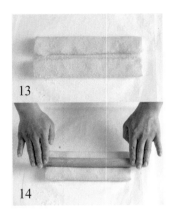

13

14

15

16

08

取出後切片厚度約 **1 公分**【圖18】，
每個約 **16 公克**，用手捏一下底部整
形【圖19】。

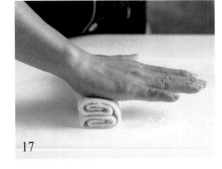

17

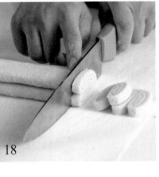

18

19

09

排在烤盤上【圖20】回溫
至室溫，烤箱預熱上下
火 170/150 ℃，放 入 烤
箱，烤約 30 ~ 35 分。

20

保存期限｜放餅乾袋乾燥狀態約 10 ~ 14 天

草莓雪球

獵人在婚宴時吃的慶祝點心

作者｜張修銘

いちごのスノーボール

結婚式の宴会でハンターが食べる
お祝いのおやつ

份量｜30 顆　　　　　　　　　　　烤箱預熱｜上下火 150/130℃

材料 Ingredients (g)

餅乾體

無鹽奶油	105	杏仁粉	63
糖粉	17	玉米澱粉	21
鹽	2	乾燥草莓粉	25
低筋麵粉	122	草莓乾	84

表面裝飾

草莓乾燥碎粒粉	40	防潮糖粉	40

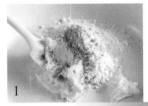

01

無鹽奶油室溫回軟加入糖粉、鹽拌勻，再加入低筋麵粉、杏仁粉、玉米澱粉、乾燥草莓粉【圖1】拌成麵糰。最後加入切碎的草莓乾拌勻【圖2】，放入塑膠袋冷藏2小時。

02

取出麵糰，先揉勻麵糰讓延展性較佳【圖3】，分割每個 **15 公克**搓圓【圖4】，排在烤盤上【圖5】，烤箱預熱上下火 150/130℃，放入烤箱烤約 30～35 分取出放涼。

03

將草莓乾燥碎粒粉、防潮糖粉混和拌均勻，把放涼餅乾裹上草莓糖粉【圖6】。

抹茶夾心餅乾

鬆鬆脆脆帶有奶香的餅乾
隨時滿足你想吃的慾望

作者│張修銘

抹茶サンドクッキー

カリカリでクリーミーなビスケット、
いつでも食べたいという欲求を満たされる

份量｜30 個　　　　　　　　　　烤箱預熱｜上下火 180/130℃

材料 Ingredients (g)

餅乾體

無鹽奶油	88	低筋麵粉	66
糖粉	73	奶粉	15
鹽	1.5	諾竹抹茶粉	6
全蛋	73		

抹茶巧克力內餡

白巧克力	100	諾竹抹茶粉	3

01 / 餅乾體

將無鹽奶油室溫回軟加入糖粉、鹽拌勻【圖1】，分次加入全蛋拌勻【圖2】。

02

最後加入低筋麵粉、奶粉、諾竹抹茶粉【圖3】拌勻成麵糊【圖4】。

127

5

6

03

將麵糊抹入方形餅乾模具
5×5×0.2公分【圖5】。使
用抹刀抹平均【圖6】平均每
個 **5 公克**，將餅乾模具拿起
【圖7】。

7

04

烤箱預熱上下火 180/180℃，
放入烤箱【圖8】烤 6 ～ 8 分，
取出放涼。

8

9

05 / 抹茶巧克力內餡

非調溫白巧克力微波加熱至
融化，加入諾竹抹茶粉【圖9】
拌勻【圖10】。

10

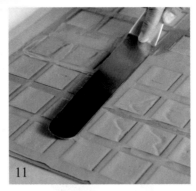
11

12

06

倒入餅乾模具 4×4×0.2 公
分，使用抹刀抹平【圖 11】
平均每個 **3 公克**，待凝固將
餅乾模具拿起【圖 12】。

13

14

07

將放涼餅乾兩兩配對中間夾心
抹茶巧克力【圖 13 ～ 14】。

放入烤箱，上下火 180/180℃，
烤 2 分鐘取出放涼。

佛羅倫丁

甜酥塔皮與蜂蜜杏仁果乾餡的華麗餅乾

作者｜張修銘

フロランタン
甘いペストリーとハニーアーモンドの
ゴージャスなクッキー

份量｜8 個　　　　　　　　　　烤箱預熱｜上下火 180/150℃

材料 Ingredients (g)

餅乾體	
無鹽奶油	75
糖粉	40
鹽	1
蛋黃	20
低筋麵粉	130
杏仁粉	30

焦糖杏仁	
無鹽奶油	30
麥芽	20
蜂蜜	10
細砂糖	35
動物性鮮奶油	45
生杏仁片	70

01 / 餅乾體

將無鹽奶油室溫回軟加入糖粉、鹽拌勻【圖1】，分次加入蛋黃拌勻【圖2】

02

最後加入低筋麵粉、杏仁粉【圖3】拌勻成麵糰【圖4】，放入塑膠袋中冷藏 2 小時。

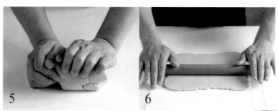

5　　6

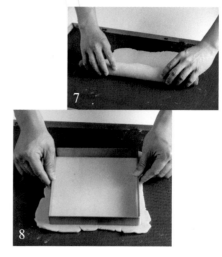

7

8

03

取出麵糰，先揉勻增加延展性【圖5】，用擀麵棍擀壓至厚度 **0.5 公分**【圖6】（可使用厚度尺輔助），將麵糰捲起（會較好移動位置），放上鋪好烤焙布的烤盤上【圖7】。

04

使用方形慕斯框壓出形狀【圖8】，去邊，用叉子叉洞【圖9】，烤箱預熱上下火 180/150℃，放入烤箱烤 15 ～ 20 分。

9

10

11

05 / 焦糖杏仁

除了生杏仁片，其他所有材料放入深鍋中加熱至 110℃ 熄火【圖10】，再加入生杏仁片混和拌勻【圖11】。

06 / 組合

將焦糖杏仁倒入模具中鋪平【圖12】，放入烤箱【圖13】上下火 180/150℃，烤 15～20 分至表面金黃【圖14】。

07

使用刀子沿著模具邊緣切【圖15】，脫模【圖16】，再切成合適大小【圖17】。

杏仁酥條

一層層堆疊著滿口杏仁香

作者 ｜ 張爲凱

アーモンドクリスプ

重なるアーモンドの味わい

份量｜15 條　　　　　　　　　　烤箱預熱｜上下火 170/150℃

材料 Ingredients（g）

派皮			蛋白杏仁霜		
中筋麵粉		125	蛋白		25
低筋麵粉		47	糖粉		50
冰水		96	杏仁粉		50
鹽		2	**表面裝飾**		
細砂糖		6.5	杏仁角		60
無鹽奶油		135			

01 / 派皮

同雙色楓葉派（P.115）
派皮作法 1～7。

1

02

完成 3 折 6 次的麵糰取出
後撒上高筋麵粉【圖 1】。

2

03

擀至厚度 0.5 公分【圖 2】，
大小約 36×26 公分。

04

將擀好麵糰捲起（用捲的
避免麵糰裂開），放在烤
盤上冷凍 10 分鐘【圖 3】。

3

05 / 蛋白杏仁霜

將所有材料攪拌均勻【圖 4】。

4

5

6

06 / 組合

取出派皮抹上蛋白杏仁霜
【圖 5】用抹刀抹平均【圖 6】，
需在冰鐵盤上操作，撒上杏
仁角【圖 7】。

7

07

使用擀麵棍擀壓【圖8】，讓杏仁角壓進派皮中。

08

將派皮去邊【圖9】，分割切成 12×3 公分【圖10】（可疊在一起切），每片約 25 公克。

09

烤箱預熱上下火 170/150℃，放入烤箱【圖11】烤 15～20 分。

匈牙利起士條

紅椒粉與起士粉的圓舞曲

作者｜張爲凱

ハンガリーのチーズバー

パプリカパウダーと粉チーズのワルツ

份量│30 條　　　　　　　　　　烤箱預熱│上下火 150/150℃

材料 Ingredients（g）

餅乾體			
無鹽奶油	90	煉乳	8
糖粉	48	低筋麵粉	122
鹽	1	匈牙利紅椒粉	7
蛋黃	8	帕瑪森起士粉	9

表面裝飾	
匈牙利紅椒粉	15

01 / 餅乾體

將無鹽奶油室溫回軟加入糖粉、鹽拌勻，加入蛋黃、煉乳拌勻【圖1～2】。

02

最後加入低筋麵粉、匈牙利紅椒粉、帕瑪森起士粉【圖3】拌勻成麵糰【圖4】。

5

03

取一塑膠袋放上麵糰，再蓋上另一塑膠袋【圖5】，用手輕壓平【圖6】。

6

04

使用擀麵棍擀壓至厚度 0.5 公分（可使用厚度尺輔助）【圖7】，大小約 27×18 公分【圖8】，冷凍 30 分鐘。

7

8

05 / 表面裝飾

取出麵糰，表面噴水【圖 9】，撒上匈牙利紅椒粉【圖 10】。

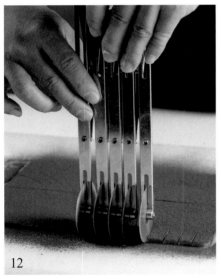

06

使用刀子（可沾上麵粉防黏）分割成 **9×1.5 公分長條狀**【圖 11】，可使用五輪刀輔助切割【圖 12】。

07

整齊擺放在鋪好烤焙墊的烤盤上【圖 13】，烤箱預熱上下火 150/150℃，放入烤箱【圖 14】烤 20 ～ 25 分。

出爐再撒第二次匈牙利紅椒粉，增加賣相。

保存期限｜放餅乾袋乾燥狀態約 10 ～ 14 天

巧克力最中

御用點心最中餅的香甜滋味

作者｜張爲凱

チョコレート最中

最中の甘い味わい

份量｜20 個　　　　　　　　　　　　烤箱預熱｜上下火 150/150℃

材料 Ingredients（g）

細砂糖 ---------------------------------- 43	楓糖糖漿 ---------------------------------- 16
水麥芽 ---------------------------------- 29	可可粉 ---------------------------------- 7
水 ---------------------------------- 20	橘皮絲 ---------------------------------- 18
動物性鮮奶油 ---------------------------------- 29	生杏仁片 ---------------------------------- 85
發酵奶油 ---------------------------------- 29	糯米殼 ---------------------------------- 20 個

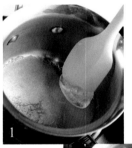

01

取一深鍋，放入細砂糖、水麥芽、水【圖1】，煮至焦化【圖2】。

02

動物性鮮奶油先加熱至 80℃【圖3】。

03

加入動物性鮮奶油拌勻【圖4】。

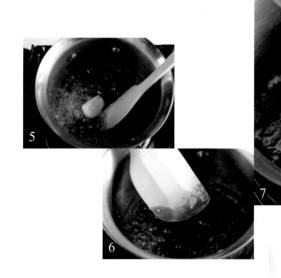

04

依序加入發酵奶油、楓糖糖漿、可可粉、橘皮絲【圖5～8】。

05

每加入一樣都要先拌勻再加入下一樣材料，最後加入生杏仁片即可熄火【圖9】，攪拌均勻至成糰【圖10】。

11

06

取出放在烤焙布上，壓平散熱
【圖11】，直到不黏在烤焙布上
即可【圖12】。

12

07

整形成正方體 4.5×4.5
公分大小【圖13】，冷
凍 30 分鐘取出，切成
厚約 0.3～0.5 公分薄
片【圖14】。

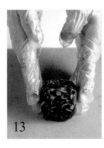

13

14

15

16

08

將糯米殼排在烤盤上【圖15】，放入切好薄片
【圖16】，烤箱預熱上下火 150/150℃，進烤
箱【圖17】，烤 20～25 分取出，放涼即完成。

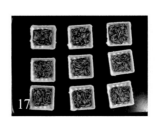

17

愛心盾牌餅乾

甜美的戀愛禮物

作者 ｜ 張爲凱

ハードマークシールドクッキー

甘い恋のプレゼント

份量｜20 個　　　　　　　　　　　烤箱預熱｜上下火 160/140℃

材料 Ingredients（g）

餅乾體

無鹽奶油	92	奶水	26
糖粉	58	低筋麵粉	134
全蛋	16		

內餡

非調溫草莓巧克力	100	非調溫白巧克力	20

01 / 餅乾體

將無鹽奶油室溫回軟加入糖粉拌勻，
分次加入全蛋、奶水拌勻，最後加入
低筋麵粉拌勻成麵糊【圖1】。

02

使用愛心花嘴，將麵糊裝入
擠花袋【圖2】，取一烤盤在
烤盤上噴水鋪上烤焙紙，將
花嘴貼在烤焙紙上【圖3】，
貼著擠出麵糊【圖4】，每個
約 **13 公克**，烤箱預熱上下
火 160/140℃，放入烤箱烤
20～25 分。

03 / 內餡

將兩種巧克力分別
微波加熱至融化，
裝入擠花袋中。

04 / 組合

在烤好餅乾中心先擠入
草莓巧克力，再擠入白
巧克力【圖5】。

保存期限｜放餅乾袋乾燥狀態約 10～14 天

烘焙的秘密

烘焙的秘密

烘烤的狀態，這與使用的烤箱有非常大的關連，每台烤箱的脾氣都不一樣，溫度上與有無旋風功能都有極大的差異，有沒有達到所需溫度也是一項重點。

烤焙時是最能提出風味的階段，適時的將溫度均勻的受熱在所有餅乾上，在這一時間是最不能輕易的懈怠，且為了避免烘烤不均，在烘烤過程中都須將烤盤適時的轉向，達到最完美的狀態，也就是烤至熟透且不過度烤焙。

杏仁灣月餅

起源自奧地利維也納
是巴伐利亞的諾德林根小鎮的特產

作者｜張修銘

份量｜30 個　　　　　　　　　　　烤箱預熱｜上下火 180/150℃

材料 Ingredients（g）

無鹽奶油	88	低筋麵粉	123
糖粉	31	榛果粉	22
蛋黃	18	核桃	22
香草醬	1.5		

01

將核桃放入烤箱，上下火 150/150 ℃，放入烤箱烤 20～25 分，切成細碎【圖 1】。

1

2

02

將無鹽奶油室溫回軟加入糖粉拌勻【圖 2】，分次加入蛋黃、香草醬拌勻【圖 3】。

3

4

03

最後加入低筋麵粉、榛果粉、核桃碎【圖4】拌勻成麵糰【圖5】，放入塑膠袋中，冷藏2小時。

5

04

取出麵糰，先揉勻麵糰【圖6】，分割每個10公克【圖7】。

6

7

杏仁灣月餅

Vanillekipferl

8

9

10

05

搓成半月狀【圖 8 ～ 10】，
放在鋪好烤焙布的烤盤上
【圖 11】。

11

12

06

烤箱預熱上下火 180/150℃，
放入烤箱烤 15 ～ 20 分，取
出放涼【圖 12】。

13

07

撒上防潮糖粉【圖 13】。

保存期限│放餅乾袋乾燥狀態約 10 ～ 14 天

覆盆子蛋白餅

在舌尖慢慢融化，酸香微甜
口感宛如棉花糖般輕盈

作者｜張修銘

ラズベリーメレンゲ

舌先でゆっくりと溶け、酸っぱくて少し甘い、
わたあめのようなふわふわとした食感

份量｜75 顆　　　　　　　　　　　烤箱預熱｜上下火 100/100℃

材料 Ingredients（g）

蛋白	50	水	15
細砂糖	25	覆盆子粉	7.5
海藻糖	50	糖粉	適量

01

蛋白放入攪拌缸，使用球狀拌打器【圖1】，打至微發泡【圖2】至有紋路【圖3】。

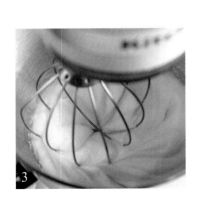

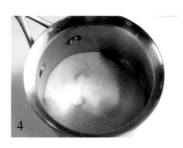

02

將細砂糖、海藻糖、水放入深鍋中【圖4】，加熱到117℃【圖5】。

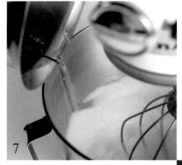

03

慢慢沖入打發蛋白中【圖6】，攪拌機不停機持續拌打至均勻【圖7】，挺立的狀態【圖8】。

覆盆子蛋白餅 ‧ Meringue aux framboises

9

10

04

倒入覆盆子粉【圖 9】使用刮刀
切拌均勻【圖 10】，使用 8 齒
貝殼花嘴，將麵糊裝入擠花袋
中【圖 11】。

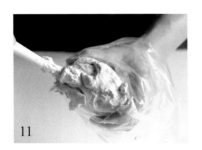

11

05

在烤盤上放上烤焙紙，垂直向下擠
麵糊，約 1.5 ～ 2 公分高【圖 12】，
每個約 1.5 公克整齊的擠在烤盤上
【圖 13】，平均撒上糖粉【圖 14】。

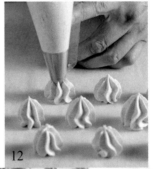

12

13

14

06

烤箱預熱上下火 100/100℃，
放入烤箱烤 30 ～ 40 分，取
出放涼。

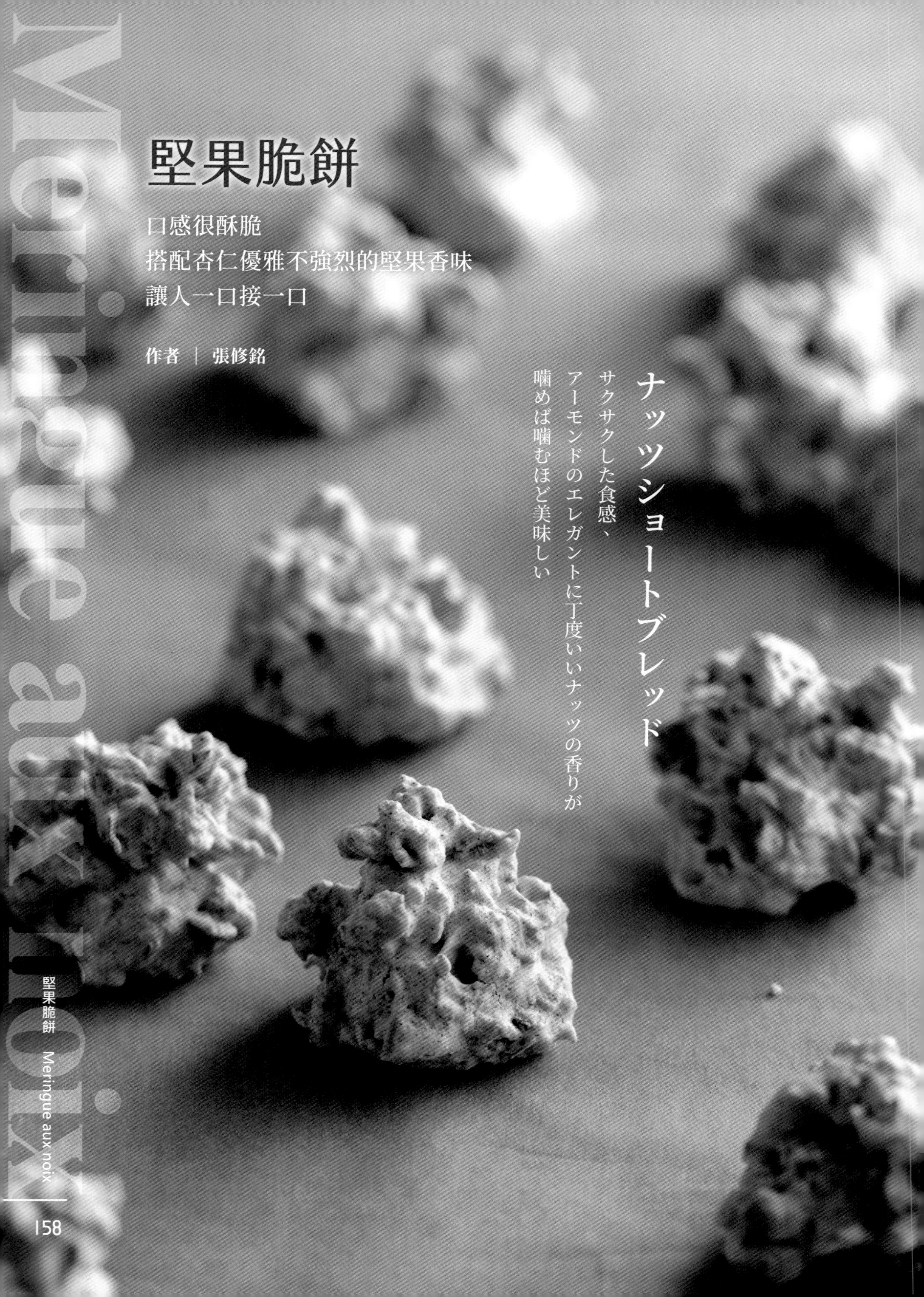

堅果脆餅

口感很酥脆
搭配杏仁優雅不強烈的堅果香味
讓人一口接一口

作者｜張修銘

ナッツショートブレッド

サクサクした食感、
アーモンドのエレガントに丁度いいナッツの香りが
噛めば噛むほど美味しい

份量｜30 個　　　　　　　　　　　　　烤箱預熱｜上下火 100/100℃

材料 Ingredients（g）

生榛果	96	細砂糖	36
生杏仁	96	糖粉	36
蛋白	36	肉桂粉	2.4

01

將生榛果、生杏仁放在烤盤上，放入烤箱上下火 150/150℃，烤 20 ～ 30 分烤熟，切碎【圖1】。

02

蛋白放入攪拌缸，分 2 次放入細砂糖，使用球狀拌打器【圖2】，打至糖融化加入剩下的細砂糖【圖3】打至乾性發泡。

03

放入榛果碎、杏仁碎、糖粉、肉桂粉【圖4】混和拌勻，取一烤盤鋪上烤盤布，使用湯匙挖取麵糊，每個約 **10 公克**，形狀為不規則狀【圖5】。

烤箱預熱上下火 100/100℃，放入烤箱烤 30 ～ 40 分。

杏仁瓦片餅乾

杏仁的絕妙搭配

作者｜張爲凱

份量 | 20 片　　　　　　　　　　　烤箱預熱 | 上下火 160/140℃

材 料 Ingredients（g）

餅乾體		杏仁糖片	
無鹽奶油	92	細砂糖	22
糖粉	58	蛋白	25
全蛋	16	無鹽奶油	8
奶水	26	低筋麵粉	8
低筋麵粉	134	生杏仁片	49

01 / 餅乾體

將無鹽奶油室溫回軟加入糖粉拌勻【圖1】。

02

分次加入全蛋、奶水拌勻【圖2～3】。

03

最後加入低筋麵粉【圖4】
拌勻成麵糊【圖5】。

04

使用圓形花嘴，將麵糊
裝入擠花袋【圖6】，
取一烤盤在烤盤上噴水
鋪上烤焙紙，將花嘴貼
在烤焙紙上【圖7】。

05

貼著擠出麵糊【圖8】，
每個約 13 公克。

9

06 / 杏仁糖片

將所有材料放入攪拌盆中，攪拌均勻【圖9】。

10

11

07 / 組合

將拌勻的杏仁糖片放在餅乾中心【圖10】，每個約3公克，再用手指沾蛋白【圖11】將杏仁糖片壓平【圖12】。

12

13

08

烤箱預熱上下火 160/140℃，放入烤箱【圖13】烤 20 ～ 25 分。

almond tile cookies

椰子圈餅乾

撒上椰香的美妙滋味

作者 ｜ 張爲凱

份量｜10 個　　　　　　　　　　　　烤箱預熱｜上下火 160/140℃

材料 Ingredients（g）

餅乾體

無鹽奶油	90	椰子粉	30
糖粉	40	低筋麵粉	100
全蛋	36	奶粉	4

裝飾

椰子粉	80

01

將無鹽奶油室溫回軟
加入糖粉【圖1】拌勻
【圖2】。

02

分次加入全蛋拌勻【圖3】。

03

最後加入椰子粉、低
筋麵粉、奶粉【圖4】
拌勻成麵糊【圖5】。

4

5

04

使用 8 齒貝殼花嘴，將麵糊
裝入擠花袋中【圖6】。

6

05

取一烤盤使用 6 公分
圓形壓模沾麵粉，在
烤盤上做記號【圖7】。

7

06

沿著記號擠一圈麵糊【圖8】，
每個約 **25 公克**，再撒上椰子粉
【圖9】。

07

上下左右搖晃【圖10】使麵糊
表面都沾上再倒出【圖11】。

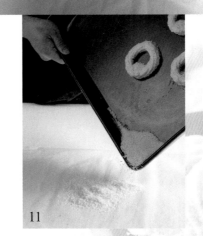

08

烤箱預熱上下火 160/140℃，
放入烤箱【圖12】烤 20～25 分。

保存期限｜放餅乾袋乾燥狀態約 10～14 天

芝麻脆餅

芝麻的濃郁搭配巧克力的香甜

作者 │ 張爲凱

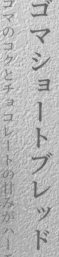

ゴマショートブレッド

ゴマのコクとチョコレートの甘みがハーモニー

份量│20 個　　　　　　　　　　　　烤箱預熱│上下火 160/140℃

材料 Ingredients（g）

餅乾體			
無鹽奶油	65	黑芝麻粉	31
細砂糖	52	中筋麵粉	83

裝飾	
調溫牛奶巧克力	150

01 / 餅乾體

將所有材料混和【圖 1】
拌勻成糰【圖 2 ～ 3】。

02

取一塑膠袋放上麵糰，
用手輕壓平【圖 4】。

5

6

7

03

再蓋上另一塑膠袋【圖5】，
使用擀麵棍擀壓至厚度0.5
公分（可使用厚度尺輔助）
【圖6】，大小約 18×18
公分，冷凍30分鐘【圖7】。

8

9

04

取出麵糰，使用 5 公分圓
形壓模，壓出餅乾【圖8】，
取一烤盤放上烤焙布，整
齊排上餅乾【圖9】，烤箱
預熱上下火 160/140℃，
放入烤箱烤 20 ～ 25 分。

10

05 / 裝飾

將調溫牛奶巧克力加熱至 29.6℃
融化【圖10】，取一膠片放至桌
面【圖11】，倒上融化巧克力用
抹刀抹平【圖12】。

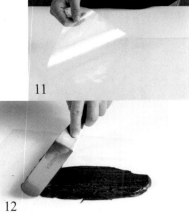

11

12

13

06

使用鋸齒三角板做出造型
【圖13】，待凝固用壓模壓
出圓片【圖14～15】，可翻
面放置到完全冷卻（邊緣
較不易翹）。

14

15

16

17

07 / 組合

烤好餅乾趁熱取出翻面
【圖16】，放上巧克力片
【圖17】，利用餘溫黏和。

保存期限｜放餅乾袋乾燥狀態約 10 ～ 14 天

紅牛 REDCOW®
Since 1965

100% Pure Milk From New Zealand

特級香濃
鳳梨酥指定專業奶粉

100%紐西蘭純淨乳源

RED COW MILK

紅牛全脂奶粉
RED COW FULL
CREAM MILK POWDER

好香好濃　天然營養
乳粉含量100%
原產地紐西蘭

● 紅牛全脂奶粉1kg

ISO22000及HACCP雙重驗證

官網

FB

奕瑪國際行銷股份有限公司
網址：buy.healthing.com.tw　TEL：0800-077-168

樂朋

Baking&Handmade

烘焙 手作

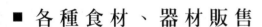

- 各種食材、器材販售
- 規劃專業烘焙、料理課程
- 舒適教學空間設施
- 設備場地租借

FB粉絲團

LINE 好友

電話：(02)2368-9058

地址：臺北市大安區市民大道四段68巷1號＆4號

更多最新資訊＆課程請上FB粉絲團關注

國家圖書館出版品預行編目（CIP）資料

贈禮的菓子 / 張修銘、張為凱著. -- 一版. -- 新北市：
優品文化，2021.03；176 面；19x26 公分. --（Baking；2）
ISBN 978-986-06127-7-6（平裝）

1. 點心食譜

427. 16   110001785

Patisserie Biscuit

贈禮の菓子

———— Baking : 2 ————

作　　　者	張修銘、張爲凱
總 編 輯	薛永年
美術總監	馬慧琪
文字編輯	董書宜
美術編輯	黃頌哲
攝　　　影	洪肇廷

出 版 者　優品文化事業有限公司
　　　　　地址：新北市新莊區化成路 293 巷 32 號
　　　　　電話：(02) 8521-2523 ／ 傳眞：(02) 8521-6206
　　　　　信箱：8521service@gmail.com
　　　　　（如有任何疑問請聯絡此信箱洽詢）

印 刷　　鴻嘉彩藝印刷股份有限公司

業務副總　林啓瑞 0988-558-575

總 經 銷　大和書報圖書股份有限公司
　　　　　地址：新北市新莊區五工五路 2 號
　　　　　電話：(02) 8990-2588 ／ 傳眞：(02) 2299-7900

網路書店　www.books.com.tw 博客來網路書店

版　　次　2021 年 3 月　一版一刷
　　　　　2022 年 4 月　一版二刷

定　　價　450 元

上優好書網　　　FB 粉絲專賣　　　LINE 官方帳號　　　Youtube 頻道

Printed in Taiwan

贈禮の菓子　　　讀者回函

◆ 為了以更好的面貌再次與您相遇，期盼您說出真實的想法，給我們寶貴意見 ◆

姓名：	性別：□男　□女	年齡：　　　歲
聯絡電話：（日）　　　　　　　　　　　　　　（夜）		
Email：		
通訊地址：□□□－□□		
學歷：□國中以下　□高中　□專科　□大學　□研究所　□研究所以上		
職稱：□學生　□家庭主婦　□職員　□中高階主管　□經營者　□其他：		

● 購買本書的原因是？

□興趣使然　□工作需求　□排版設計很棒　□主題吸引　□喜歡作者　□喜歡出版社

□活動折扣　□親友推薦　□送禮　□其他：＿＿＿＿＿＿＿＿＿＿＿＿＿＿＿

● 就食譜叢書來說，您喜歡什麼樣的主題呢？

□中餐烹調　□西餐烹調　□日韓料理　□異國料理　□中式點心　□西式點心　□麵包

□健康飲食　□甜點裝飾技巧　□冰品　□咖啡　□茶　□創業資訊　□其他：＿＿＿＿

● 就食譜叢書來說，您比較在意什麼？

□健康趨勢　□好不好吃　□作法簡單　□取材方便　□原理解析　□其他：＿＿＿＿＿

● 會吸引你購買食譜書的原因有？

□作者　□出版社　□實用性高　□口碑推薦　□排版設計精美　□其他：＿＿＿＿＿＿

● 跟我們說說話吧～想說什麼都可以哦！

廣 告 回 信
免 貼 郵 票
三 重 郵 局 登 記 證
三重廣字第0751號
平 信

24253 新北市新莊區化成路 293 巷 32 號

上優文化事業有限公司　收

（優品）

贈禮の菓子　　**讀者回函**

（請沿此虛線對折寄回）

Patisserie Biscuit

贈禮の菓子

張修銘・張為凱　著

優品文化事業有限公司
電話：(02)8521-2523
傳真：(02)8521-6206
信箱：8521service@gmail.com

上優好書網　　FB 粉絲專頁